Nikunj Gajera
Rohitkumar Patel

Biodiversidade da Reserva Florestal de Chapredi

Nikunj Gajera
Rohitkumar Patel

Biodiversidade da Reserva Florestal de Chapredi

ScienciaScripts

Imprint
Any brand names and product names mentioned in this book are subject to trademark, brand or patent protection and are trademarks or registered trademarks of their respective holders. The use of brand names, product names, common names, trade names, product descriptions etc. even without a particular marking in this work is in no way to be construed to mean that such names may be regarded as unrestricted in respect of trademark and brand protection legislation and could thus be used by anyone.

Cover image: www.ingimage.com

This book is a translation from the original published under ISBN 978-3-659-88759-8.

Publisher:
Sciencia Scripts
is a trademark of
Dodo Books Indian Ocean Ltd. and OmniScriptum S.R.L publishing group

120 High Road, East Finchley, London, N2 9ED, United Kingdom
Str. Armeneasca 28/1, office 1, Chisinau MD-2012, Republic of Moldova, Europe
Managing Directors: Ieva Konstantinova, Victoria Ursu
info@omniscriptum.com

Printed at: see last page
ISBN: 978-620-8-55007-3

Conteúdo

CAPÍTULO 1. INTRODUÇÃO

1.1 *Antecedentes*

A vegetação é um fenómeno complexo, que reflecte em grande medida os processos ecológicos e, por conseguinte, por várias razões práticas e académicas, merece ser descrita e classificada. As comunidades vegetais fornecem informações de base sobre todos os processos ecológicos e, consequentemente, constituem a base da variabilidade, distribuição e dinâmica da vegetação. Assim, as comunidades vegetais são geralmente tratadas como unidades de gestão ambiental e, por conseguinte, uma preocupação crescente na aplicação dos conhecimentos fitossociológicos na conservação da natureza e na gestão dos recursos naturais. Embora tais estudos sejam geralmente de interesse local, eles fornecem conhecimentos essenciais na classificação da vegetação. Assim, o estudo da associação e da dinâmica comunitária da vegetação de qualquer ecossistema florestal é muito importante para compreender a quantidade e a qualidade da composição e da estrutura da vegetação. Este tipo de estudo presta uma boa assistência aos planeadores e gestores ambientais na preparação de estratégias eficazes para manter a cadeia do ecossistema, bem como a sua utilização intelectual de forma conservadora (Kumar *et al.,* 2006).

É um facto bem conhecido que o coberto vegetal ou os elementos florais são a principal componente de toda a cadeia de serviços ecossistémicos, ou seja, iniciam a cadeia trópica entre vários ecossistemas. No entanto, o coberto florestal tem vindo a diminuir gradualmente durante o período pós-independência, passando de 71,8 mha em 1951 para 67,3 mha em 2003 na região Ásia-Pacífico *(Anon,* 2001 & 2003). A exploração madeireira comercial, a conversão de pastagens e a agricultura itinerante ou a má gestão agrícola, a industrialização e a urbanização são consideradas as principais causas das alterações na composição das comunidades florestais e do esgotamento do coberto florestal, o que constitui uma preocupação para a conservação da biodiversidade (Senet *al.,* 2008). A perda e o isolamento do habitat são, mais uma vez, uma das principais preocupações para a degradação e deterioração do habitat, sendo aparentemente um processo inevitável. Além disso, o PNUA definiu a degradação dos solos como "a perda a longo prazo da função e dos serviços do ecossistema, causada por perturbações das quais o sistema não pode recuperar sem ajuda" *(Dent,* 2007) e esta é considerada como o desafio ambiental mais fundamental e persistente (Plieninger & Gaerter, 2011), em particular para os países em desenvolvimento como a Índia. É igualmente importante notar que o ecossistema florestal tropical é altamente vulnerável à fragmentação do habitat devido à maior riqueza de espécies, às distribuições fragmentadas e à presença de espécies raras com populações pequenas (Ghosh, 2004).

Na Índia, cerca de 86% da cobertura florestal está classificada como floresta tropical e, entre elas, 54% estão classificadas como deciduas secas e 37% como deciduas húmidas (Kaul e Sharma, 1971), mas foram envidados muito poucos esforços para explorar a estrutura populacional das espécies, a dinâmica do ecossistema com a economia e também para práticas de conservação sustentáveis. Por outro lado, o principal fator de declínio da biodiversidade é o aumento da aridez e as zonas áridas do mundo são as mais importantes em termos de conservação (Grainger, 2003). No contexto da área de terra seca do estado de Gujarat na Índia, que (*Pandeyet al.,1999)* são propensas a questões de desertificação, são áreas prioritárias para a conservação da biodiversidade em Gujarat. A caraterização de árvores e arbustos é uma necessidade básica para compreender a dinâmica da comunidade vegetal. Assim, foi feita uma tentativa de compreender a estrutura e a composição da vegetação lenhosa na Floresta de Reserva de Chapredi (CRF) de Bhuj Taluka.

Os mamíferos são extremamente importantes para o bom funcionamento dos ecossistemas. São responsáveis pela polinização das plantas e pela distribuição das sementes, são simultaneamente predadores e presas e podem ter efeitos imensos na estrutura e composição da vegetação, na produtividade das plantas e no ciclo de nutrientes (Laurence & Bierregaard, 1997). Também desempenham funções para os seres humanos, como vestuário, alimentação e valores espirituais. Estes animais familiares podem estar a sofrer maiores declínios populacionais do que qualquer outro grupo de vertebrados (IUCN, 2000). Das espécies de mamíferos conhecidas, 25% estão ameaçadas, 11% estão em perigo, 4% estão criticamente em perigo e quase 2% (86) dos mamíferos actuais conhecidos extinguiram-se nos últimos 400 anos (IUCN, 2000). A perda da diversidade de mamíferos pode alterar os ecossistemas de formas que ainda não compreendemos. Por conseguinte, é imperativo que os biólogos desenvolvam protocolos de avaliação e monitorização adequados para os mamíferos.

Embora seja claramente necessário avaliar a diversidade de mamíferos em áreas selecionadas (Noss 1990), o seu valor seria reforçado se fosse combinado com a consideração do estado e qualidade da paisagem (Majer e Beeston 1996) e do funcionamento dos ecossistemas. A paisagem alberga todos os graus de hierarquia biológica, desde o nível do ecossistema até às espécies e genes que são alvo de inventários e conservação da biodiversidade (Noss e Harris 1986). A paisagem pode também incluir áreas agrícolas, florestais, protegidas e ecologicamente sensíveis, que interagem consideravelmente (Forman e Gordon 1986) e sobre as quais os seres humanos têm uma grande influência (Naveh e Lieberman 1990).

Uma das principais questões em ecologia é a forma como a biodiversidade se relaciona com a função ecológica. Esta questão tornou-se cada vez mais relevante à medida que a transformação antropogénica da Terra se intensificou. A distribuição e a abundância das espécies foram radicalmente transformadas, uma vez que as alterações maciças do uso do solo eliminaram espécies endémicas (Turner *et al.* 1993) e a expansão da rede global de transportes espalhou outras espécies (McNeely *et al.* 1995).

1.2 *Revisão da literatura*

GUIDE e GEER (2001) efectuaram estudos no Santuário de Narayan Sarovar para avaliar as suas árvores, arbustos e gramíneas. Nesse estudo, foi registado um total de 180 géneros e 255 espécies de plantas pertencentes a 59 famílias de angiospérmicas e uma família de gimnospérmicas. Espécies como Acacia nilotica, A. senegal, A. leucophloea, Zizyphus sp., Euphorbia sp., Prosopis juliflora, Commiphora wightii, Tamarix diocia, Balanites aegyptiaca, Capparis decidua, Carissa congesta, Suaeda spp. foram registadas como espécies vegetais dominantes no santuário. (Patel e Dabgar, 2012) estudaram a estrutura da comunidade vegetal da região ocidental de Kachchh. O estudo centrou-se sobretudo na informação quantitativa e qualitativa sobre as várias formas de vida vegetal. (Patel et al.,2012) estudaram a estrutura da vegetação lenhosa e revelaram que a Acacia Senegal era a espécie mais dominante e ecologicamente bem-sucedida da região ocidental de Kachchh, enquanto na categoria dos arbustos, a Prosopis juliflora, uma espécie exótica invasora, se encontrava bem estabelecida.

Pandya e Sidha (1987; 1989) descrevem a análise pormenorizada da composição de vários habitats e da estrutura das plantas com variação sazonal da biomassa e da produção nas áreas florestais selecionadas no distrito. Saxena (1993) relatou o estado atual das pastagens de Banni e os halófitos aí existentes. Bharara (1993) trabalhou sobre os aspectos socioeconómicos dos pastores de Banni e os factores que afectam as suas percepções em relação ao futuro. Todos estes trabalhos se centraram na vegetação, nos aspectos socioeconómicos da zona e na introdução de algumas espécies de gramíneas palatáveis e benéficas que foram sobreexploradas devido ao sobrepastoreio e à invasão de Prosopis juliflora. Solanki (1997) referiu a presença de cerca de 64 espécies de árvores com base na investigação ecofisiológica de uma mancha de mangais interiores no distrito de Kachchh; um povoamento de Avicenniaofficinalis na referida mancha.

No entanto, qualquer estudo ecológico necessita de uma base taxonómica sólida para elaborar estratégias de gestão ecológica adequadas. Neste contexto, vários investigadores um bom número de trabalhos de investigação taxonómica. Bhatt (1993), que estudou a flora de Kachchh ocidental, registou 518 espécies de plantas. Pandey e Padhye (1997) e Pandey (2001 e 2002) contribuíram com o acréscimo registado na região de Gujarat, especialmente na região de Kachchh. Parmar e Singh (2003), Meena (2004) e Parmar e Shrivastava (2003) registaram algumas plantas interessantes de Gujarat, especialmente do distrito de Kachchh. Patel et al., (2010; 2011; 2013a e 2013b) registam algumas plantas dignas de nota de vários locais dos distritos de Kachchh. Além disso, Meena (2005), Pandey & Padhye (2005), Pandey (2005), Parmar (2006), Meena (2007) e Parmar (2008a & 2008b) contribuíram para a flora de Kachchh.

Detalhes completos e informações científicas sobre a flora do distrito de Kachchh foram compilados por Shah (1978), no qual ele mencionou a presença de aproximadamente 768 espécies de plantas em distrito de Kachchh. Entre elas, 45,89% eram comuns, 7,04% raras, 11,73% não eram comuns, 3,38% eram ocasionais, 1,82% eram frequentes, 2,47% não eram frequentes, 14,21% estavam disseminadas e 13,43% eram halófitas, espécies cultivadas e ornamentais. Todas as informações incluídas na flora acima foram total ou parcialmente baseadas no trabalho de Blatter (1908 & 1909) ou Thaker (1926). Patel (2012) efectuou estudos angiospérmicos na parte ocidental da região de Kachchh e enumerou 528 espécies de plantas.

O conceito de diversidade biológica tem diferentes significados para diferentes grupos de pessoas. A avaliação da diversidade de mamíferos tende a centrar-se nas listas de espécies das zonas de interesse (inquéritos sobre a diversidade alfa), sendo atribuída uma importância considerável à magnitude da riqueza de espécies nos sítios e/ou à existência de espécies ameaçadas (Noss, 1990). Consequentemente, um sítio ou um ecossistema pode ser assinalado como sendo de particular importância se contiver uma riqueza de espécies excecionalmente elevada ou se nele existirem uma ou mais espécies raras, vulneráveis ou ameaçadas (World Conservation Union, 1980). Estes são aspectos inegavelmente importantes da diversidade biológica, mas o que falta é uma consideração da integridade, ou afastamento do estado prístino, da diversidade de mamíferos em toda a paisagem.

Os dados de base são unidades fundamentais de informação básica de inventário que são cruciais para o planeamento e gestão da conservação da biodiversidade. Além disso, é também agora bem aceite que a avaliação dos mamíferos deve ser feita de forma muito sistemática em todas as regiões que são repositórios sensíveis de recursos naturais bióticos, de modo a planear uma estratégia de conservação sistemática para uma utilização futura e sustentável. O planeamento do desenvolvimento dos recursos naturais sem pôr em perigo o ambiente é uma questão crucial que o mundo enfrenta atualmente (Kachhwaha 1985, Sharma *et al.* 1989, Khorram e John 1991).

A avaliação da diversidade local de espécies incorpora duas questões relacionadas. A primeira diz respeito à diversidade intrínseca de uma zona, ou seja, a zona com maior diversidade pode ser considerada mais importante do que a zona com menor diversidade. A segunda é a avaliação da contribuição de uma determinada zona para a diversidade global de uma região geográfica mais vasta, como um distrito, um estado, um país, um continente ou, em última análise, o mundo em geral. Nesta perspetiva, algumas zonas com menor diversidade intrínseca podem ser mais importantes do que outras com elevada diversidade.

Uma abordagem funcional da conservação da diversidade de espécies ao nível dos ecossistemas recomenda que as medidas baseadas na riqueza de espécies sejam frequentemente adequadas a escalas maiores (Walker 1992). A utilização da riqueza de táxones superiores como substituto da riqueza de espécies tem recebido menos atenção e é explorada numa análise preliminar de dados relativos a quatro grupos bem conhecidos, nomeadamente anfíbios, répteis, aves e mamíferos (Pianka e Schall, 1981), para além das plantas, o principal estado do ecossistema. É muito evidente que é necessária uma abordagem mais holística e eficiente para, pelo menos, abrandar a taxa de perda de diversidade de espécies através de alterações de conservação adequadas e específicas para cada sítio.

Os registos anteriores da região de Kachchh mostram que, no início do século XIX, havia uma grande quantidade de animais selvagens como leões, leopardos, chinkaras, patos negros e outros animais de caça no distrito (Cutch Gazetteer, 1880), que posteriormente diminuíram significativamente. Algumas espécies, como o leão e a cabra-preta, estão atualmente extintas. Durante o regime colonial, estas florestas eram de menor importância para os governantes britânicos devido ao seu valor de produção comercial relativamente baixo e, por conseguinte, muito pouco foi feito para melhorar o estado das florestas na zona.

Nas últimas décadas, a região tem assistido a um rápido esgotamento do seu coberto florestal e da sua rica biodiversidade. O desenvolvimento na zona fragmentou a floresta outrora contínua. As florestas de reserva no distrito de Kachchh são uma das zonas menos estudadas do Estado de Gujarat em termos de diversidade de espécies. A falta de informações adequadas sobre os recursos biológicos constitui uma séria limitação para a avaliação do valor ecológico de Kachchh e, por sua vez, para a sua gestão científica (Joshua et al. 2006). Nesta zona, foram efectuados vários estudos sobre o estado da biodiversidade, mas estes abrangem principalmente a biodiversidade das zonas protegidas (GUIDE e GEER 1998, e GUIDE e GEER 2001), enquanto que os estudos sobre a diversidade de mamíferos nas florestas de reserva de Kachchh eram inexistentes até há pouco tempo.

Para o presente estudo, foi selecionada a floresta de reserva de Chapradi (CRF). A CRF cobria mais de 7,85 Km^2 (785 ha), abrangendo a aldeia de Chapredi em Bhuj Taluka. Sendo a CRF a floresta de reserva do distrito, importantes manchas florestais estão por explorar. Este estudo irá destacar o estado e a distribuição das espécies de mamíferos na área de estudo e fornecer informações para a tomada de decisões de conservação informadas.

1) Obter informações de base sobre o estado e a distribuição da diversidade da flora e dos mamíferos na Reserva Florestal de Chapredi,

2) Avaliar a densidade, a diversidade e a riqueza das espécies de flora e mamíferos presentes na Reserva Florestal de Chapredi,

3) Identificar e fornecer informações primárias sobre as ameaças e os problemas da zona,

4) Preparar recomendações de gestão da conservação para a Floresta da Reserva de Chapredi.

CAPÍTULO 3. ÁREA DE ESTUDO

3.1 Localização e dimensão

Kachchh é o maior distrito da Índia (latitudes norte de 22° 44' 11" a 24° 41' 25" e longitudes leste de 68° 09' 46" a 71° 54' 47"), localizado na parte mais ocidental do Estado de Gujarat, com uma extensão de 45 652 km^2. De acordo com a zona biogeográfica (Rodgers *et al.*, 2000) da Índia, todo o distrito de Kachchh se insere na província biótica "3A" da zona desértica, que contribui com 73% da região árida/semiárida do Estado de Gujarat.

O distrito partilha as suas fronteiras não só com distritos interestatais da Índia, mas também com fronteiras internacionais. As fronteiras a norte e noroeste são com a região de Sindh no Paquistão, a oeste e sudoeste com o Mar Arábico, a sul com o Golfo de Kachchh e o distrito de Rajkot, a leste com os distritos de Patan e Banaskantha e a nordeste com o estado de Rajasthan. Assim, a posição geográfica acima mencionada revela que o distrito está rodeado por mar e desertos salinos. Com base na sua localização e caraterísticas geográficas, muitos têm fortes razões para dizer que Kachchh é elevada do mar. Para além disso, o nome do distrito tem origem no termo "Kachbo" (nas línguas locais Kutchii e Gujarati) que significa tartaruga. O distrito está administrativamente dividido em 10 talukas, nomeadamente: Abdasa, Anjar, Bhuj, Bhachau, Gandhidham, Lakhpat, Mandvi, Mundra, Nakhatrana e Rapar (Fonte: Relatório estatístico distrital, 2014).

A vegetação dominante de Kachchh representa o habitat único que sustenta o património genético distinto na mancha remanescente de "floresta espinhosa do deserto" da Índia. A potencialidade ecológica e económica da zona é representada pelas áreas de utilização do solo, como florestas, agricultura, indústrias, zonas mineiras, prados, mangais, salinas, barragens rochosas, zonas húmidas e terrenos baldios. Tendo em conta a elevada diversidade biológica e os habitats únicos, foi planeado um estudo intensivo para abranger as quatro zonas protegidas situadas no distrito de Kachchh. Para além disso, o distrito também fornece habitat para 20 espécies de plantas RET (GES, MSU e GUIDE, 2002).

A área de estudo do presente inquérito insere-se na jurisdição administrativa de Bhuj taluka do distrito de Kachchh. A partir da sede da talukas (Bhuj), a área de estudo situa-se a 35 km de distância, na direção nordeste.

3.2 Tipo de floresta

A área de estudo está abrangida pela província biótica "3A", que representa 8 tipos diferentes de vegetação (Champion e Seth, 1968), que são os seguintes

> *O matagal de Euphorbia (DS3)* é constituído por *Euphorbia caducifolia, Lycium barbarum, Commiphora wightii, Salvadora* spp. etc.

> *Floresta de Babul/Acacia nilotica (E3)* representada por espécies de *Acacia* e *Prosopis*

> *Savana salina/alcalina (E8)* representada por *Urochondra setulosa, Suaeda spp., Asparagus dumosus, etc,*

> *Floresta Tropical Espinhosa do Norte (6B) {Floresta Espinhosa do Deserto (C1)* representada por espécies de *Salvadora, Acacia, Prosopis* e *Grewia,*

> *O matagal de Zizyphus (DS1)* é constituído por várias espécies de *Zizyphus* com espécies arbóreas atrofiadas dispersas,

> *Matos tropicais de Euphorbia (DS2)* dominados por *Euphorbia caducifolia,*

> *A floresta de Acacia senegal (E2)* representa um povoamento natural de *Acacia senegal,*

> *Matagal de Salvadora (E4)* representado por espécies de *Salvadora,*

GUIDE (1999) referiu algumas novas composições de vegetação como o bosque de *Acacia-Zizyphus*, o coberto herbáceo salino, o matagal *de Capparis*, o matagal *de Capparis-Salvadora*, o matagal *de Prosopis cineraria* e *Balanites aegyptica*, que não são mencionados na classificação de Champion e Seth (1968).

3.3 Tipo de solo

A planície árida de Kachchh é caracterizada por depósitos eólicos do Pleistoceno e de épocas recentes. A maior parte da planície é ocupada por Aridosols, geralmente secos, com horizontes pedogénicos e muito pouca matéria orgânica. Na área de estudo, a maioria dos solos é de natureza salina e alcalina. A textura do solo varia de arenosa a franco-arenosa, com elevada percentagem de areia e baixa percentagem de silte e argila.

Placa 1: Diferentes Habitats encontrados na área de estudo

3.4 Rios

Não há rios perenes ou riachos que fluam nas áreas de estudo e no distrito. Existem cerca de 97 rios e riachos sazonais em Kachchh, que têm origem nos planaltos centrais e correm para o mar no sul, para o Grande Rann no norte ou para o Pequeno Rann no sudeste. Embora muitos sejam canais profundos com margens íngremes e muito desgastadas, nenhum dos rios de Kachchh tem água suficiente para correr durante todo o ano.

3.5 Clima e pluviosidade

Kachchh e as zonas de estudo situam-se nas zonas áridas do país e têm um clima árido e semi-árido único. As cadeias montanhosas selecionadas sofrem de condições meteorológicas extremas e têm três estações - inverno, verão e monção. A estação do inverno começa geralmente em meados de novembro e termina em finais de fevereiro, sendo janeiro o mês mais frio, com uma temperatura mínima média de 10 °C. O verão começa em março e prolonga-se até meados de junho, com a temperatura máxima a variar entre 34ºC e 38,7ºC. A estação das monções começa com a monção do sudoeste e prolonga-se entre julho e setembro. A precipitação média anual é de 394,7 mm (2014), que, em média, ocorre em 16,2 dias de chuva. Os ventos são geralmente moderados a fortes, com uma velocidade média anual de 12,1 km/h. Devido à temperatura elevada e à velocidade do vento, as taxas de evepo-traspiração são muito elevadas, evaporando-se cerca de 18,8 cm de água por ano. A variação da humidade média registada varia entre 63 (manhã) e 36 (noite) (Quadro 1).

Quadro 1: Parâmetros climáticos mensais de Bhuj Taluka (ano 2014)

Mês	Temperatura0C		Precipitação (mm)	Precipitação (dias médios)	Humidade %		Evaporação (cm)	Velocidade do vento km/hr
	Máximo	Mínimo			Manhã (8.30)	Noite (17.30)		
janeiro	26.1	10.1	1.4	0.2	45	24	11.4	7.9
fevereiro	29.1	12.9	1.7	0.2	52	17	12.7	8.1
março	34	18.3	2.4	0.1	59	26	19.3	8.5
abril	37.6	22.7	0.5	0	57	22	20.6	11.2
maio	38.7	25.6	1.6	0.1	66	33	25.4	17.6
junho	36.7	27.4	38.2	1.9	72	50	26.7	21
julho	33	26.3	172.9	6	77	64	22.9	20
agosto	21.7	25.3	97	4.3	80	62	20	17
setembro	33.2	24.1	64.7	2.6	77	54	23.9	13
outubro	35.6	21.5	8.2	0.5	64	26	15.2	8.6
novembro	32.3	15.6	4.7	0.2	55	27	15.2	7
dezembro	28	11.2	1.4	0.1	56	25	11.4	5.9
Média	33	20.1	394.7	16.2	63	36	18.8	12.1

Fonte: Estatísticas distritais, Jilla Panchayat, Bhuj- Kachchh.

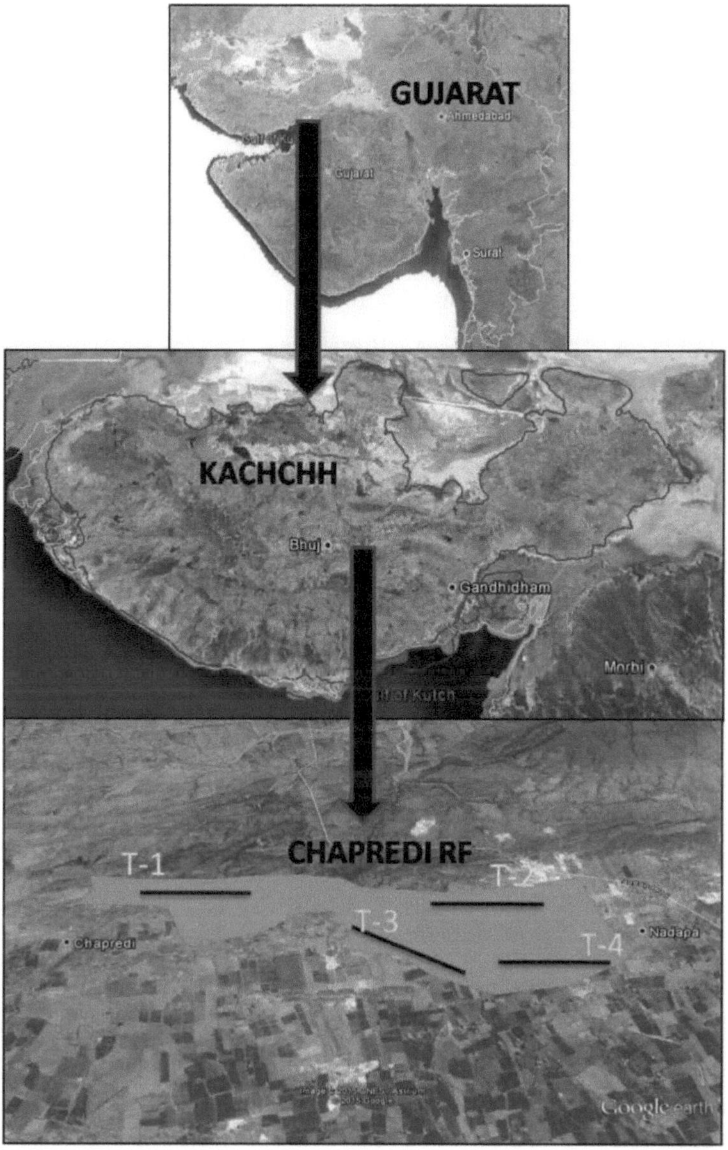

Figura 1: Mapa que mostra a área de estudo e os transectos Localização

CAPÍTULO 4. MATERIAIS E MÉTODOS

O estudo foi efectuado em duas fases: estudo geral e estudo intensivo. Os métodos adoptados em cada uma destas fases são descritos a seguir.

4.1 Composição floral:

Os métodos de avaliação da vegetação para várias formas de vida vegetal, como árvores, arbustos, trepadeiras, ervas e gramíneas, variam muito em termos de recolha de dados, caraterização, classificação e identificação (Bhatt, 1993). Os métodos específicos de amostragem e análise de dados utilizados para avaliar as formas de vida lenhosa de interesse no presente estudo são os seguintes

Conceção da amostragem e amostragem no terreno

Antes dos levantamentos de campo, foi efectuada uma observação rápida para conhecer os diferentes tipos de habitats existentes na RF do Chapredi. Com base na observação rápida no terreno, foram identificados quatro tipos de habitats principais: floresta de acácias (AF), floresta de Euphorbia-Salvadora (ES), floresta mista de espinhos (MTF) e floresta de Prosopis (PF). A amostragem foi efectuada em cada habitat observado no Chapredi RF. Os habitats foram identificados fisionomicamente com base nas espécies vegetais dominantes de cada habitat.

Para efetuar a contagem da vegetação da área de estudo, foi utilizada uma técnica simples, sistemática e pré-determinada. Foram pesquisados vários habitats utilizando o método de amostragem aleatória por quadrícula, tal como sugerido por Misra (1968) e Muller-Dombois e Ellenberg, (1974) para registar as várias caraterísticas de várias espécies de plantas lenhosas na RF de Chapredi. O tamanho mínimo do quadrado foi determinado pelo método da "curva da área das espécies". O tamanho do quadrado utilizado para a amostragem foi de 15X 15 m2.

Foram sistematicamente enumeradas 20 parcelas de amostragem aleatória nos vários habitats (quadro 1). O número de parcelas de amostragem foi proporcional à área do habitat em causa.

Quadro 2: Número de parcelas de amostragem em cada Habitats da área de estudo

N.º Sr.	Tipo de habitat	N.º de parcelas
1	Floresta *de acácias* (AF)	5
2	Floresta mista de espinheiros (MTF)	12
3	*Euphorbia- Salvadora* mista (ESM)	2
4	Floresta de *Prosopis* (PF)	1

Total geral	20

Antes da recolha de dados no terreno, foi elaborada uma folha de dados bem concebida (Anexo 1) e foram recolhidas várias informações sobre o habitat, como a localização GPS, o terreno, o substrato, o tipo de solo e a data da amostragem. Foram recolhidas informações sobre as árvores e o seu perímetro à altura do peito (GBH) para cada árvore encontrada, enquanto no caso das espécies arbustivas apenas foram contados os números de indivíduos em vários quadrantes. O GBH foi medido a 130 cm acima do nível do solo e a área basal do caule da árvore foi calculada assumindo que os caules eram circulares. A Flora do estado de Gujarat (Shah, G. L. 1978) e a Flora do deserto indiano (Bhandari, M.M., 1990) foram utilizadas para identificar várias espécies de plantas recolhidas na área de estudo.

4.2 Diversidade dos mamíferos

Estudo geral: Foi utilizado para obter informações de base sobre a área de estudo. O método foi utilizado para se familiarizar com a área, os seus arredores, a biodiversidade e as pessoas. A área é visitada em dezembro e janeiro e foi pesquisada aleatoriamente para obter uma lista de verificação dos mamíferos; esta informação foi compilada e utilizada como dados de base, com base nos quais foi planeado o estudo intensivo do estado, distribuição e diversidade dos mamíferos da floresta da reserva de Chaparadi.

Estudo intensivo: Depois de recolher a informação de base, o passo seguinte foi escolher o local de estudo; um rio que passa de leste para oeste na floresta da reserva de Chapredi, pelo que escolhi dois locais de estudo, o primeiro no lado norte (S1) e o segundo no lado sul da área de estudo (S2), que também foi diferenciado com base na estrutura do terreno, topologia e vegetação (cada local dois transectos). Depois disso, tive de escolher o método relevante para o estudo intensivo, tendo o método dos transectos de linha sido considerado adequado para o estudo intensivo. Quatro desses transectos foram percorridos pelo menos duas vezes por mês (fevereiro, março e abril). O calendário foi escolhido com base nas alterações sazonais das condições de luz e na intensidade das actividades das espécies. Os detalhes dos quatro transectos são apresentados no quadro 2, que mostra a frequência e a distância percorrida em cada um dos quatro transectos percorridos para o estudo dos mamíferos. Durante o percurso dos transectos, foram registados os seguintes parâmetros para as espécies de mamíferos.

Quadro 3: Detalhe de todos os transectos na área de estudo

Sítios	Transecto n.º.	Localização do transecto	N.º de visitas	Distância em Km.
S1	T1	N 23 10' 56.29" E 69 40' 0.28"	6	6.6

	T2	N 23 10' 48.26" E 69 39' 48.47"	6	6.6
S2	T3	N 23 10' 21.71" E 69 38' 22.91"	6	6.6
	T4	N 23 11' 20.85" E 69 38' 33.52"	6	6.6
	Total	4 Transectos	24	26.4

Foram utilizados os seguintes métodos para o inventário e levantamento das espécies de mamíferos na área de estudo:

4.2.1 Método do transecto linear

Neste método, um transecto pré-determinado foi percorrido a pé ou em veículo. As diferentes espécies de mamíferos encontradas foram registadas. Estes transectos lineares foram utilizados em diferentes habitats para determinar a presença ou ausência de diferentes espécies nos habitats em causa.

4.2.2 Métodos indirectos

A presença de espécies de mamíferos também foi registada através de sinais, por exemplo, penas de porco-espinho, excrementos, presença de pelo, ossos, marcas de pug, etc. Os habitantes das aldeias e os nómadas foram também entrevistados em vastas áreas sobre a presença ou ausência de mamíferos, fornecendo-lhes guias pictóricos e fotografias de diferentes mamíferos para identificação, susceptíveis de serem encontrados na área.

Para efeitos de identificação e classificação, as placas coloridas de Prater (1971) e Tikader (1983) revelaram-se úteis. Foram utilizados binóculos (8x40) para registar as observações à distância, de modo a evitar perturbar os mamíferos.

4.2.3 Análise de dados

Flora: A análise da vegetação de uma comunidade vegetal é um aspeto importante do estudo ecológico de qualquer pedaço de vegetação, uma vez que revela o arranjo estrutural de vários componentes da comunidade vegetal e ajuda a compreender a dinâmica da comunidade. Foram estudadas as caraterísticas da comunidade vegetal na zona de extração de carvão do oeste de Kachchh e nas suas imediações. Para conhecer as caraterísticas gerais da vegetação da zona de estudo, foram identificados os tipos de habitat. As caraterísticas quantitativas da comunidade, como a densidade, a abundância, a frequência percentual, a área basal e o Índice de Valor Importante (IVI) de cada espécie, foram determinadas segundo os métodos descritos por Misra (1968) e Muller-Dombois & Ellenberg (1974). O padrão de distribuição foi analisado utilizando o valor da abundância e da % de frequência. Uma frequência elevada e uma abundância baixa de uma espécie indicam uma distribuição regular, no entanto, uma frequência baixa e uma abundância elevada indicam uma distribuição contagiosa das espécies (Misra, 1968). A % de frequência de cada espécie foi calculada e colocada nas respectivas classes de frequência, tal como sugerido por Raunkiaer (1934). Além disso, o índice de diversidade de espécies foi calculado utilizando as seguintes fórmulas:

(A) Índice de diversidade de Shannon Weiner (H') H'= Σ Pi x In (Pi)

Onde:

H = índice de diversidade de espécies

pi = proporção da amostra total pertencente à i-ésima espécie ln = log natural1

(B) Índice de diversidade de Simpson

Mamíferos: As caraterísticas quantitativas da comunidade, tais como a densidade e a abundância de cada espécie, foram determinadas de acordo com os métodos descritos por Misra (1968) e Muller-Dombois & Ellenberg (1974).

Além disso, a diversidade de espécies foi calculada utilizando o software PAST com as seguintes fórmulas:

(A) Índice de diversidade de Shannon Weiner (H') H'= Σ Pi x In (Pi)

Onde:

H = índice de diversidade de espécies

pi = proporção da amostra total pertencente à i-ésima espécie

ln = log natural1

(B) Índice de riqueza de Margalef: (S - 1)/ ln(n),

Onde:

S é o número de taxa e n é o número de indivíduos.

5.1 Composição da vegetação

Durante o presente estudo, foi registado um total de 12 espécies de plantas lenhosas, das quais 5 espécies pertencem à forma de vida arbórea, enquanto as restantes 7 espécies pertencem à categoria arbustiva. A análise foi efectuada e os resultados obtidos são os seguintes

5.1.1 Espécies lenhosas Densidade

5.1.1.1 Densidade global de espécies lenhosas

A densidade foi estimada em termos de número de indivíduos vegetais por hectare. Para além disso, a densidade foi estimada em diferentes habitats estudados e no total. A densidade global representa que, entre as espécies arbóreas, *a Salvadora persica* tem o número máximo de indivíduos (227 indi./Ha), seguida da *Acaciasenegal* (131 indi./Ha). A tendência atual de alta densidade de S. persica foi observada devido ao seu crescimento em tufos com múltiplos caules num único local, enquanto o crescimento de A. Senegal tem apenas um único caule. A densidade mais baixa de espécies arbóreas foi representada pela *Prosopiscineraria* (9 indi./ha). Foi também referido por várias instituições de investigação a nível nacional e internacional que a p. cineraria tem uma taxa de crescimento muito baixa e que a pressão de pastoreio e de laçadas é elevada. A espécie de conservação significativa de árvores pequenas, *Commiphorawightii*, registou 31 indivíduos por ha (Fig. 2). Esta espécie tem sido sobre-explorada de forma não científica por algumas comunidades locais específicas para a obtenção da sua resina de goma de oleaginosas, sendo esta a principal causa da perda da sua população selvagem. Entre as espécies arbustivas, *Prosopis juliflora* foi a espécie arbustiva mais dominante entre as sete espécies arbustivas registadas, com 278 indivíduos por hectare, seguida de *Euphorbia caducifolia* com 140 indivíduos por hectare (Fig. 2). Devido à sua taxa de crescimento excessiva e ao seu espetro de adaptabilidade mais amplo aos ecossistemas, a P. juliflora tem uma densidade populacional muito elevada em todos os ecossistemas terrestres.

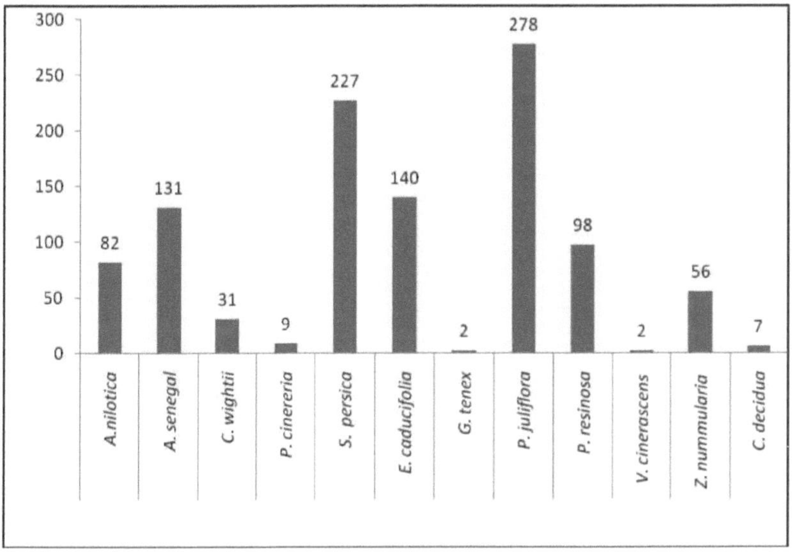

Figura 2: Densidade global de espécies lenhosas registada na área de estudo

5.1.1.2 Densidade de espécies lenhosas em função do habitat

A densidade foi estimada a partir dos quatro habitats principais do Chapredi RF em duas formas de vida lenhosas diferentes, isto é, árvores e arbustos. Na floresta de acácias, a densidade de *A. senegal foi registada* em 160 indivíduos por hectare, seguida de *A. nilotica* e *S. persica* (160 indivíduos por hectare). A *A. senegal* também foi registada como a espécie de crescimento lento, mas cresce em grupo, pelo que o seu número de indivíduos por unidade de área deste tipo de habitat foi bastante elevado. Entre as espécies arbustivas, *P. juliflora* registou 204 indivíduos por hectare, seguida de *Premna resinosa* e *Zizyphus nummularia* (98 e 71 indivíduos por hectare, respetivamente) (Fig. 3). Um total de seis espécies de plantas lenhosas foram registadas no habitat misto Euphorbia-Salvadora. No habitat misto Euphorbia-Salvadora, a maior densidade de espécies arbóreas foi registada *em S. persica* (178 indivíduos por hectare), seguida de *A. nilotica* (22 indivíduos por hectare). Na categoria dos arbustos, 67 indivíduos por hectare foram registados em *E. caducifolia, P. juliflora* e *Z. nummularia.*

Todas as 12 espécies lenhosas encontradas na área de estudo foram registadas durante a presente investigação na floresta mista de espinheiros. A densidade mais elevada de espécies arbóreas da floresta mista de espinhos foi registada para *S. persica* (267 indivíduos por hectare) seguida de *A. Senegal* com 152 indivíduos por hectare. Na categoria dos arbustos, ^. *juliflora* é a espécie mais densa, com 256 indivíduos por hectare, seguida de *E. caducifolia*, com 193 indivíduos por hectare **(Fig. 3)**. Entre elas, *S. persica* representa a densidade mais elevada com

5 indivíduos por hectare **(Fig. 3)**. É bastante baixa em comparação com outros habitats estudados durante a presente investigação. Entre a categoria dos arbustos, *P. juliflora* ocupa a primeira posição com 1333 indivíduos por hectare, seguida de *P. resinosa* com 756 indivíduos por hectare **(Fig. 3)**.

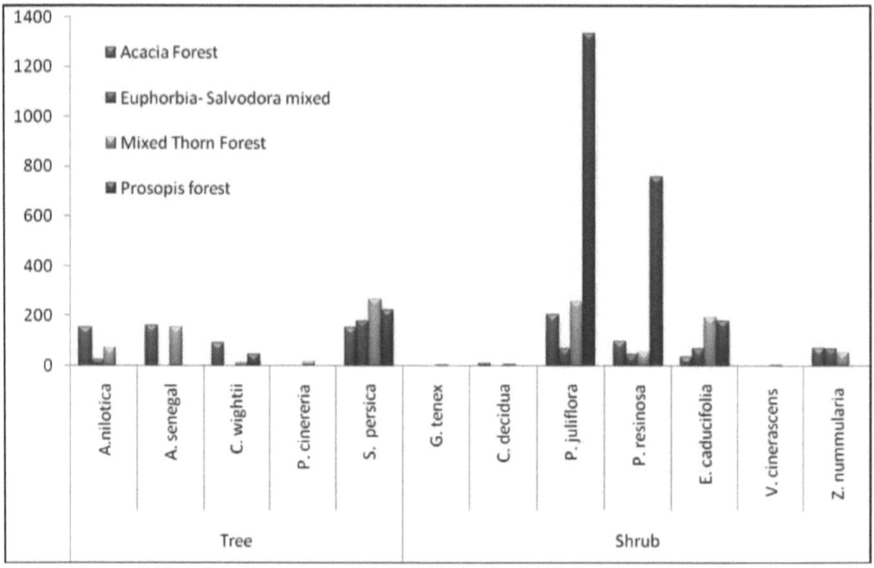

Figura 3: Densidade de espécies lenhosas por habitat, registada na área de estudo

5.1.2 Distribuição das espécies lenhosas

A distribuição das espécies de plantas foi descrita por Misra (1968) em duas formas principais, ou seja, distribuição regular ou distribuição contagiosa (Patchy). A distribuição das espécies pode ser obtida através da relação entre a abundância das espécies e a frequência percentual. Uma frequência elevada e uma abundância baixa reflectem uma distribuição regular das espécies, enquanto que o rácio oposto reflecte uma distribuição irregular. A distribuição das espécies baseia-se em vários factores físicos e biológicos, incluindo as ameaças. Das 12 espécies de plantas lenhosas registadas durante a presente investigação, todas apresentam uma distribuição irregular.

Nos quatro habitats estudados, a distribuição das espécies foi também calculada com base na frequência percentual e no rácio de abundância. No habitat de floresta de acácias, todas as espécies de plantas bonitas registadas apresentavam uma distribuição irregular. No habitat misto Euphorbia-Salvadora, apenas a *A. nilotica* foi registada como a espécie com distribuição regular, enquanto as restantes 5 espécies foram registadas com uma distribuição irregular. Entre as 12 espécies de plantas lenhosas registadas na floresta mista de espinheiros, todas foram registadas com uma distribuição irregular. Enquanto na floresta de Prosopis, *Commiphora wightii* foi registada em distribuição regular, enquanto as restantes espécies foram registadas em distribuição irregular.

Quadro 4: Abundância e frequência percentual de espécies na zona de estudo, em função do habitat

Habitat/ Espécies	Abundância				% de frequência			
	AF	ESM	MTF	PF	AF	ESM	MTF	PF
A.nilotica	377.78	44.44	211.11		40	50	33.33	
A. Senegal	160.00		165.66		100		91.67	
P. cineraria			177.78				8.33	
C. wightii	222.22		133.33	44.44	40		8.33	100
S. pérsica	151.11	177.78	266.67	222.22	100	100	100.00	100
E. caducifolia	88.89	133.33	210.10	177.78	40	50	91.67	100
G. tenex			44.44				8.33	
P. juliflora	204.44	133.33	255.56	1333.33	100	50	100.00	100
P. resinosa	244.44	88.89	207.41	755.56	40	50	25.00	100
C. decidua	44.44		44.44		20		16.67	
V. cinerascens			44.44		0		8.33	
Z. nummularia	118.52	133.33	77.78		60	50	66.67	

5.1.3 Diagrama de frequência

Raunkiaer (1934) introduziu a frequência que indica o número de unidades de amostragem em que uma determinada espécie ocorre, expressando assim a distribuição de várias espécies numa comunidade vegetal. Raunkiaer preparou o seguinte diagrama de frequências baseado na % de frequência das espécies e no número de espécies pertencentes a uma determinada classe de frequência. (Classe de frequência: A=1- 20%; B=21-40%, C=41-60%, D=61-80% e E=81-100%). O rácio normal de ocorrência de espécies dado por Raunkiaer é A>B>C>=<D<E e afirma que se o diagrama de frequência preparado corresponder (Fig. 4) ao diagrama de frequência normal de Raunkiaer, significa que a comunidade vegetal em particular é homogénea e se não corresponder, é heterogénea.

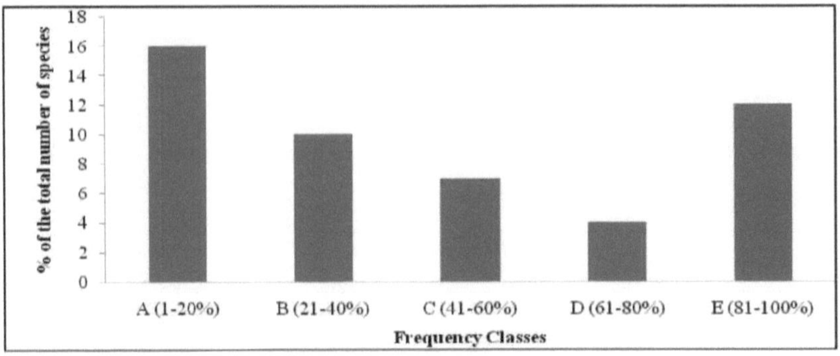

Figura 4: Diagrama de frequência normal elaborado por Raunkiaer

5.1.4 Diagrama de frequência geral

O diagrama de frequências preparado foi comparado com o diagrama de frequências normal e não coincidiu. Assim, a comunidade vegetal de Chapredi RF é heterogénea por natureza (Fig. 5).

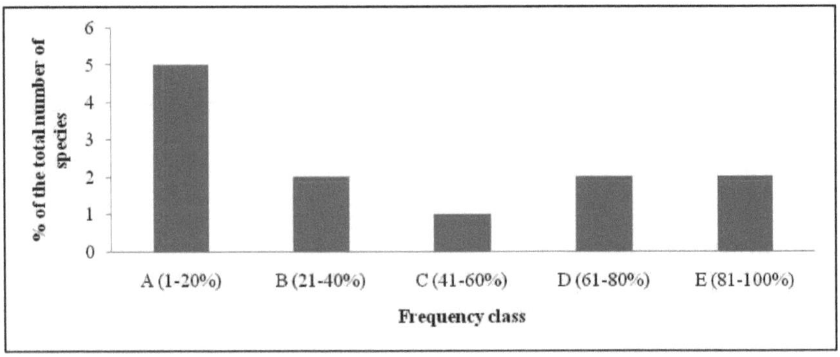

Figura 5: Diagrama de frequência preparado do Chapredi RF

5.1.5 Diagrama de frequência do habitat

Foi também calculado o número de espécies pertencentes às classes de frequência em causa, em função dos habitats, e foi elaborado um diagrama de frequência. O diagrama de frequência preparado foi comparado com o diagrama de frequência normal. A natureza da comunidade vegetal de todos os habitats estudados foi heterogénea (Fig. 6). Como Raunkiaer afirmou, se o número de espécies pertencentes às classes de frequência A (1-20%) e E (81-100%) for elevado em comparação com as classes B (21-40%), C (41-60%) e D (61-80%), então a comunidade vegetal em estudo é homogénea por natureza, ou seja, tem menos diversidade de espécies. A situação oposta revela a natureza heterogénea da comunidade particular, que representa uma boa diversidade de espécies.

A frequência das espécies de plantas lenhosas registadas na floresta de acácias e com base no diagrama de frequência preparado não é a indicada pelo diagrama de frequência normal de Raunkiaer, pelo que a floresta de acácias é representada por uma comunidade vegetal heterogénea por natureza (Fig. 9). As espécies registadas no habitat misto Euphorbia-Salvadora pertencem apenas a duas classes de frequência, C e E. Por conseguinte, também não seguem o diagrama normal, o que revela a heterogeneidade da comunidade vegetal (Fig. 6). O habitat de floresta espinhosa mista também representa a heterogeneidade da comunidade vegetal (Fig. 6). Enquanto que a frequência das espécies registadas pertence apenas a uma classe de frequência, isto é, E; por conseguinte, também é representado pela comunidade vegetal heterogénea (Fig. 6).

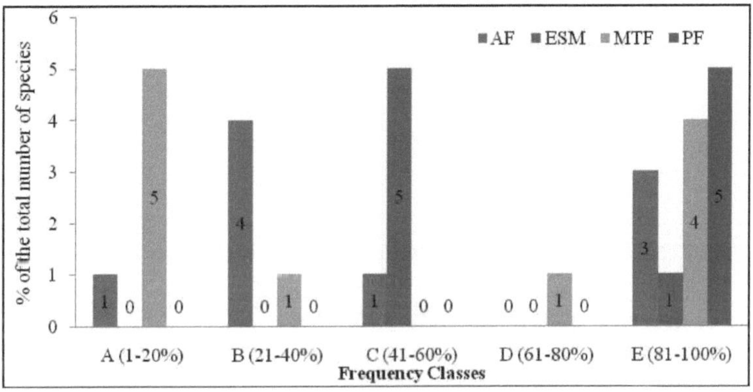

Figura 6: Diagrama de frequência dos vários habitats da zona de estudo

5.1.6 Índice de Valor Importante (IVI)

O Índice de Valor Importante (IVI) é calculado com base no valor relativo de três parâmetros qualitativos e quantitativos principais, nomeadamente: Densidade, Dominância e Frequência. Uma vez que o IVI é calculado com base nas caraterísticas da comunidade vegetal acima referidas, representa a adaptabilidade ecológica da espécie e o seu estabelecimento bem sucedido num determinado tipo de floresta/habitat. Assim, as espécies com um valor IVI elevado representam uma boa adaptabilidade ao ecossistema com uma elevada taxa de estabelecimento bem sucedido.

5.1.7 Valor global importante Índice

O valor global do IVI calculado para as espécies de árvores registadas na Chapredi RF de Bhuj Takula. *S. persica* foi registada com os valores IVI mais elevados (150,30) entre as cinco espécies de árvores registadas, seguida de *A. Senegal* com 78,78. A S. persica tem um bom tamanho de perímetro com um crescimento irregular, o que representa a sua adaptabilidade e o seu estabelecimento bem sucedido na RF de Chapredi **(Fig. 7)**. Isto também representa o estatuto de ameaça para as espécies vegetais em causa. O valor mais baixo do IVI foi registado para *P. cineraria* e *C. wightii*, uma vez que estas espécies são alvo de várias ameaças à sua existência por parte da comunidade local.

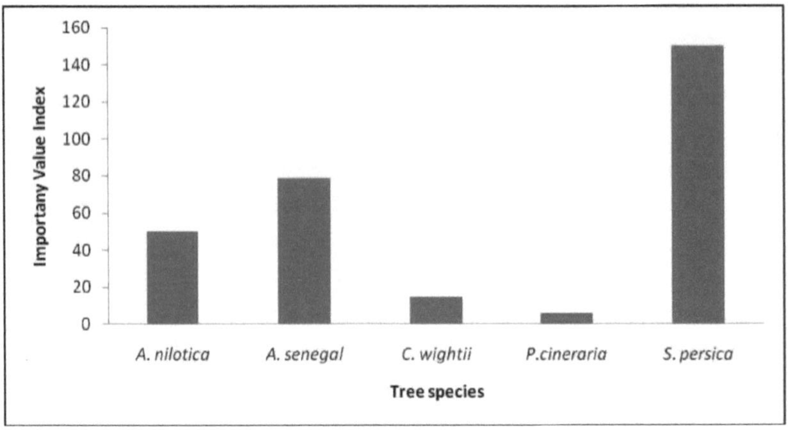

Figura 7: Índice global de valor importante (IVI) para as espécies arbóreas da área de estudo

5.1.8 Índice de Valor Importante para o Habitat

Seguindo a fórmula de cálculo do IVI, *A. Senegal* foi registada com o valor IVI mais elevado, 123,24, seguida de *S. persica* com 104,64 do habitat de floresta de acácia **(Fig. 8)**. Enquanto o valor IVI mais baixo foi registado para *C. wightii* (30,41). No habitat misto Euphorbia-Salvadora, *S. persica*, com um valor de IVI de 255,56, foi considerada a espécie arbórea ecologicamente bem sucedida e bem estabelecida do respetivo habitat **(Fig. 8)**. Entre a floresta mista de espinhos, S. persica e *A. Senegal*, com valores de IVI de 100,40 e 96,62, foram registadas como as espécies altamente bem estabelecidas e ecologicamente bem sucedidas deste habitat, respetivamente **(Fig. 8)**. A floresta de Prosopis representa *S. persica* com o valor IVI mais elevado, 233,30, como a espécie ecologicamente bem sucedida deste habitat, seguida de *C. wightii* com um valor IVI de 66,67 **(Fig. 8)**.

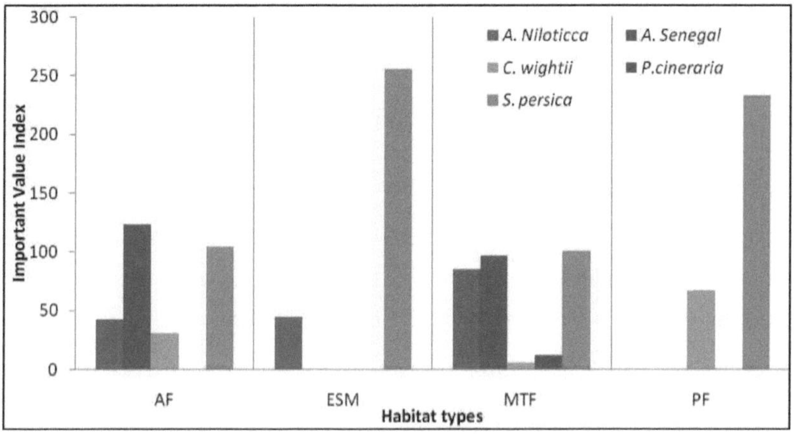

Figura 8: Índice de Valor Importante (IVI) em termos de habitat para as espécies arbóreas da zona de estudo

5.2 Diversidade dos mamíferos

5.2.1 Situação geral

Os mamíferos da floresta da reserva de Chapredi foram estudados em dois locais e em duas estações. Com base em avistamentos diretos e evidências indirectas, foi registado um total de 9 espécies de mamíferos pertencentes a 8 famílias e 9 géneros (Anexo 1). Foram registadas 540 evidências indirectas de 9 espécies. Foram registadas quatro espécies de herbívoros, duas espécies de carnívoros, uma espécie de granívoros e uma espécie de cada um dos omnívoros e frugívoros.

No total, S1 e S2 foram representadas por 9 espécies com 266 e 274 evidências, respetivamente, e a diversidade (H') foi de 1,798 e 1,859, densidade 56,3 evidências/ha, riqueza de espécies 1,408, respetivamente. Enquanto que no inverno um total de 9 espécies com 233 evidências, índice de diversidade (H') 1,86, densidade 56,75 evidências/hac, riqueza de espécies 1,475 e no verão um total de 9 espécies com 307 evidências, índice de diversidade (H') 1,78, densidade 53,4, riqueza de espécies 1,377 (Quadro 3).

Quadro 5: Espécies, diversidade, densidade e riqueza globais de mamíferos na zona de estudo

Locais/épocas	Espécies	# Evidências	Shannon_H	Densidade/hac.	Riqueza
S1	9	266	1.798	56.3	1.408
S2	9	274	1.859	53.2	1.433

inverno	9	233	1.855	56.75	1.475
verão	9	307	1.774	53.4	1.377
Total	9	540	1.834	54	1.264

5.2.2 Avistamentos diretos

No total, foram avistadas diretamente 6 espécies de mamíferos: nilgai, chacal, javali, pequeno mangusto indiano, lebre indiana e gerbo do deserto. No total, a floresta da reserva de Chapredi registou um máximo de nove espécies de mamíferos em 24 transectos.

O nilgai foi o animal mais frequentemente encontrado na floresta da reserva de Chapredi, com 0,41/km. Entre os canídeos, o chacal foi o animal mais frequente, com 0,39/km, na floresta da reserva de Chapredi. O gerbo do deserto, sendo um animal diurno, foi o segundo animal mais frequentemente encontrado na floresta da reserva de Chapredi, com 0,36/km. O animal noturno, como o gato da selva, foi avistado apenas no inverno, não havendo qualquer registo durante o verão.

5.2.3 Provas indirectas

Foram registadas evidências indirectas, tais como rastos, toca viva (buraco/trincheira), pele, pelotas e excrementos para todas as espécies de mamíferos da área de estudo, tendo sido registadas 9 espécies a partir de evidências indirectas.

Como já foi referido, devido ao número muito reduzido de avistamentos diretos de quase todas as espécies, a estimativa da densidade não foi tentada da forma habitual, pelo que a taxa de encontros, baseada nos avistamentos diretos, foi estimada como índice de abundância. No entanto, tendo em conta que, durante este estudo, a maioria dos dados recolhidos se baseia em provas indirectas.

Os resultados mostram que foram encontradas evidências indirectas elevadas na estação do verão de ambos os sítios, em comparação com a estação do inverno (Fig. 2 e 3), enquanto a diversidade é elevada na estação do inverno de S2 e as outras são mais ou menos semelhantes, não havendo diferença significativa no resto das outras estações ou sítios (quadro 4).

Quadro 6: Comparação sazonal das espécies, diversidade e riqueza de mamíferos por sítio

Local	Época	Espécies	# Evidências	Shannon_H	Densidade/hac.	Riqueza
S1	inverno	9	112	1.792	59	1.654

	verão	8	154	1.755	61.5	1.366
S2	inverno	8	121	1.842	52.5	1.517
	verão	9	153	1.78	64	1.567
Total		**9**	**540**	**1.834**	**53**	**1.264**

Placa 2: Espécies de mamíferos registadas na área de estudo

Placa 3. Espécies de mamíferos registadas por observação direta na área de estudo

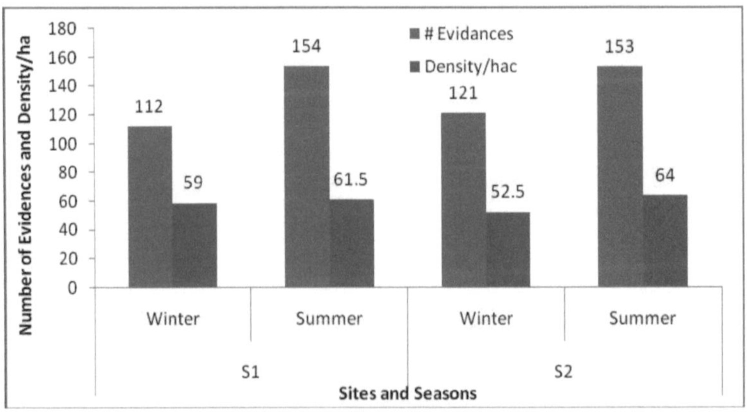

Figura 9: Comparação sazonal das evidências indirectas e da densidade por sítio

Placa 4: Evidências indirectas de espécies de mamíferos registadas na área de estudo

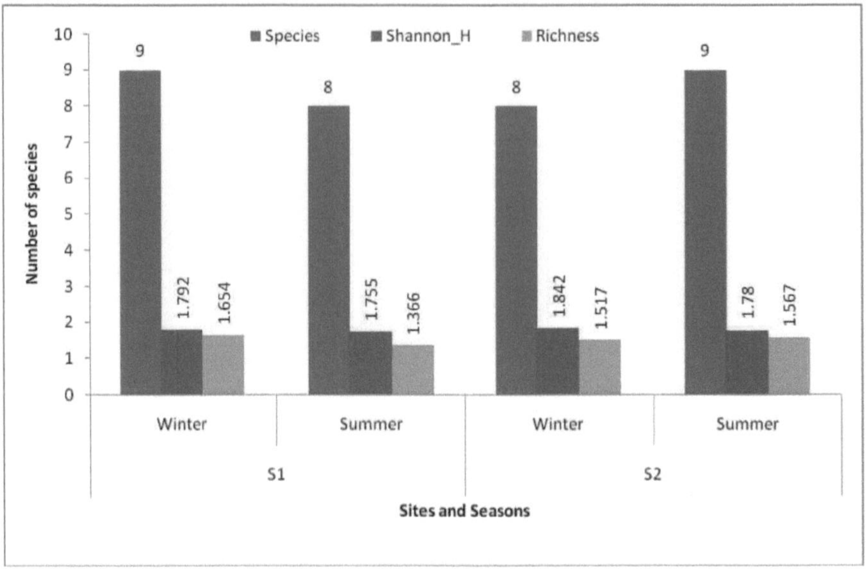

Figura 10: Comparações sazonais de espécies, diversidade e riqueza de mamíferos em função do local

5.2.4 Ameaças

1. Perda de habitat: O maior fator que levou à perda de habitat nativo foi a propagação de espécies de ervas daninhas, como a Prosopis juliflora, especialmente nas zonas fronteiriças da área. Além disso, a expansão da agricultura ao longo das periferias também reduziu o habitat disponível para os mamíferos e aumentou os conflitos homem-animal, no que respeita às espécies herbívoras.

2. Pastoreio: - A forte pressão do pastoreio de animais vivos é pior durante o final do inverno e o verão, quando uma grande parte da forragem verde disponível e acessível é colhida. Estes factores danificam o habitat e afectam em grande medida a sua produtividade.

3. Caça furtiva: A caça furtiva de pequenos mamíferos, como a lebre, é uma prática comum na zona. Foram observadas armadilhas e redes para capturar lebres e porcos-espinhos perto do local de estudo um.

4. Recolha de produtos menores da floresta: Durante o inverno, observou-se que as pessoas apanhavam folhas de Vikdo *(Merytenus emargianta) e que* as cascas de Boradi *(Zyziphus numilaria)* eram recolhidas em grandes quantidades. Este facto conduz, em última análise, à escassez de alimentos para as espécies locais e à perda de habitat.

As variações na formação geológica, a natureza do solo, a sua profundidade, a humidade e a pressão antropogénica são os principais factores que influenciam a composição da vegetação na Floresta da Reserva de Chapredi. A vegetação da área de estudo é composta principalmente por espécies de plantas espinhosas. O dossel superior é constituído pelas espécies vegetais mais dominantes, como *a Acacia Senegal, a A. nilotica* e *a Salvadora oleoides*, enquanto a componente principal ocupa o dossel inferior, que inclui principalmente vegetação arbustiva como *a Prosopis juliflora, a Euphorbia caducifolia, a Capparis deciduas, a Grewia tenex* e *a G. villosa.* A maior diversidade, riqueza e densidade de espécies herbáceas sugerem o seu domínio sobre a comunidade arbórea na área de estudo.

A região de Kachchh tem um tipo específico de floresta, a floresta tropical espinhosa, que consiste em espécies de arbustos espinhosos. A vegetação arbustiva é dominada por espécies de arbustos espinhosos, enquanto as zonas abertas são dominadas por plantas anuais que são principalmente suportadas pela escassa precipitação durante a monção. A maior parte das espécies distribui-se de forma contagiosa na área e cria uma comunidade vegetal heterogénea na natureza.

A seletividade de habitat das espécies pode ser associada às caraterísticas predominantes do ecossistema em geral, incluindo o clima, a vegetação e a estrutura da floresta. A Reserva Florestal de Chapredi tem um clima mais quente e seco, que é geralmente considerado mais produtivo para a reprodução (facilitada pela temperatura mais elevada) e a procura de alimento (devido à maior produtividade de insectos) das espécies, em comparação com as regiões mais frias e húmidas.

Devido à grande variação de hábitos e habitats das espécies de mamíferos registadas na floresta da reserva de Chapredi, uma estimativa fiável da população requer técnicas de quantificação específicas para cada espécie. Além disso, requer mais mão de obra e tempo. Um resultado mostra claramente que as espécies de mamíferos estão amplamente distribuídas nesta área.

CAPÍTULO 6. CONCLUSÃO E SUGESTÃO

Durante a presente investigação, foram registadas um total de 12 espécies de plantas lenhosas no Chapredi RF de Bhuj Takula. Entre as 12 espécies lenhosas registadas, 5 são árvores e 7 pertencem à forma de vida arbustiva. A floresta mista de espinhos representa a maior diversidade de espécies lenhosas, seguida da floresta de acácias. A floresta de Prosopis representa a menor diversidade de espécies lenhosas na RF de Chapredi.

A maior densidade de espécies lenhosas na categoria das árvores foi registada para *S. persica*, enquanto na categoria dos arbustos foi representada por *P. juliflora*. A densidade mais baixa de espécies arbóreas foi registada para a *P. cineraria*, enquanto entre os arbustos, *G. tenex* e *V. cinerascens*.

Entre os quatro habitats estudados AF, ESM, MTF e PF, a maior densidade de espécies arbóreas foi registada para *A. Senegal* no habitat AF, enquanto *S. persica* foi registada nos restantes três habitats. Na categoria dos arbustos, *P. juliflora* foi registada como a espécie arbustiva mais densa dos quatro habitats.

A distribuição das espécies também foi calculada e todas as espécies lenhosas registadas apresentaram uma distribuição irregular em termos globais e de habitat. Apenas C. wightii registou uma distribuição regular na floresta de P.

A comparação do diagrama de frequência normal e preparado de todos os habitats, bem como do conjunto, revela a natureza heterogénea da comunidade vegetal, que representa uma boa diversidade de espécies.

O valor IVI que representa o sucesso ecológico da espécie. A *S. persica* foi registada como a espécie mais bem sucedida do Chapredi RF. Entre os vários habitats, exceto a floresta de acácias, *S. persica* foi a espécie mais bem sucedida. Na floresta de acácias, *A. Senegal* foi registada como a espécie ecologicamente bem sucedida.

A área é uma amostra representativa de uma floresta espinhosa mista natural outrora muito difundida na região, que tem grandes valores ecológicos. Como o presente estudo tem muitas limitações, apenas a fauna de mamíferos é considerada como indicador. São necessários mais estudos a longo prazo para obter a importância ecológica exacta da área. Isto pode ser útil para fornecer estratégias de gestão ecologicamente corretas para a floresta espinhosa natural.

Annon, 2003. Relatório sobre o estado das florestas, inquérito florestal da Índia, Deharadun. Ministério do Ambiente e das Florestas, Governo da Índia.

Annon. 2001. Relatório sobre o estado das florestas, inquérito florestal da Índia, Deharadun. Ministério do Ambiente e das Florestas, Governo da Índia.

Bhandari M. M. *(1990).Flora of the Indian Desert.* Editores científicos. Jodhpur, Rajasthan.s

Bharara, L. P. (1993). Socio-economic aspects of Banni pastoralists and factors effecting changes in their perceptions towards the future. Pp. 1-7 In: Precedendo o workshop sobre Pastoreio Transumano em Gujarat, 24-24 de julho de 1992, Anand, Gujarat, Índia.

Bhatt, J. B. (1993). *Estudos sobre a flora de Kachchh Ocidental.* Tese de doutoramento, Universidade M.S., Vadodara.

Blatter, E. J. e Hallberg, F. (1984). The flora of Indian Desert. Editores científicos, Jodhpur. Pp: 278-279.

Cooke, T. (1958). *The Flora of tho Presidency of Bombay.* Reimpressão - Botanical Survey of India, Calcutá.

Dent, D. (2007). Land. In UNEP(Ed.), Global environmental outlook GEO4. PNUA, Nairobi. 81-114 p.

Forman, T.T.R. e Gordon, M. (1986). Landscape Ecology. Wiley and Sons. Nova Iorque.

GEER e GUIDE (2001). Estado ecológico de Narayan Sarovar Wildlife Scanturay com uma perspetiva de gestão. Relatório final. Fundação de Educação e Investigação Ecológica de Gujarat (GEER), Gandhinagar e Instituto de Ecologia do Deserto de Gujarat (GUIDE), Bhuj. 196 Pp.

GEER e GUIDE, (1998). An ecological overview of Narayan Sarovar Sanctuary and adjoining denotified areas. Gujarat Institute of Desert Ecology, Bhuj e Gujarat Ecological Education and Research Foundation, Gandhinagar. 61 pp.

GES, MSU e GUIDE, (2002). Conservation of rare and endangered biodiversity of Gujarat (Conservação da biodiversidade rara e ameaçada de Gujarat). Relatório final do projeto apresentado à Comissão de Ecologia de Gujarat, Vadodara. Pp 428.

Ghosh Paromita (2004). Fragmentação florestal: uma ameaça à biodiversidade global. *ENVIS Bull: Himalayan Eco,* 12(2), 17-26 p.

GUIA (2002). Estratégia e plano de ação para a biodiversidade do sub-estado de Kutch no âmbito do plano de ação da estratégia nacional para a biodiversidade (NBSAP). Instituto de Ecologia do Deserto de Gujarat (GUIDE); Bhuj-Kutch (Gujarat), Índia.

GUIDE e GEER (2001). Ecological Status of Narayan Sarover Wildlife Sanctuary with Respect to Flora, Fauna and Dependent Communities. Gujarat Institute of Desert Ecology, Bhuj e Gujarat Ecological Education and Research Foundation, Gandhinagar.

GUIA e GEER. (1998). An ecological overview of Narayan Sarover Santctuary and adjoining de-notified areas. Instituto de Ecologia do Deserto de Gujarat, Bhuj e Fundação de Educação e Investigação Ecológica de Gujarat, Gandhinagar. 61p.

Joshua J, Wesley S, Gokula V. e Hiren B. (2006). Status and conservation of some threatened faunal biodiversity of arid Kachchh, Gujarat, India. Conferência Nacional sobre Recursos da Biodiversidade Florestal: Exploitation Conservation and Management realizada de 21 a 22 de março de 2006 na Universidade de Madurai Kamaraj, Madurai, Tamil Nadu. Pp 111-112.

Kachhwaha, T.S. (1985). Temporal monitoring of forest land for change detection and forest cover mapping through statellite remote sensing. Proc. Sexta Conf. Asiática de Deteção Remota. Hydrabad. Pp:77-83.

Kaul, O. N. e Sharma, D.C. (1971). Estatísticas do tipo de floresta. *Indian forester.* Vol.- 97:432-436.

Kershaw, K.A. (1973). Teste de amostragem de comparação e aplicação de medidas de quadratura. Pp. 2139, In, Quantitative and dynamic plant ecology. Segunda edição. Willom elowers & Sons Limited, Londres.

Khorram, S. e John, A.B. (1991). Uma avaliação regional dos tipos de uso/cobertura do solo na Sicília com dados Landsat. T.M.. Int. J. Remote Sensing. 12:69-78.

Kumar, A., Marcot, B.G. e Saxena, A. (2006). Diversidade de espécies de árvores e padrões de distribuição em florestas tropicais de Garo hills. Ciência atual 91(10), 1370-1381 p.

Majer, J.D. e Beeston. G. (1996). O índice de integridade da biodiversidade: uma ilustração usando formigas na Austrália Ocidental. Conservation Biology. 10(1): 65-73.

McNeely, J.A., Miller, K.R., Reid, W. V., Mittermeier, R.A. e Werner, T.B. 1990. Conserving the world's biological diversity. União Internacional para a Conservação da Natureza, Gland.

Meena, S. L. (2004). Algumas plantas novas para a flora de Gujarat - I. *J. Econ. Taxon. Bot.* Vol. 28, No. 2, 387-388 p.

Meena, S. L. (2004). Algumas plantas novas para a flora de Gujarat, Índia -I. *J. Econ. Taxon. Bot.,*

Vol., 28, No. 2. 387-388 p.

Meena, S. L. (2005). Algumas plantas novas para a flora de Gujarat, Índia - II. *J. Econ. Taxon. Bot.,* Vol. 29, No. 2, 375-377 p.

Meena, S. L. (2007). Algumas plantas novas para a flora de Gujarat, Índia - III. *J. Econ. Taxon. Bot.,* Vol. 31, No. 2, 466-469 p.

Misra R (1968). Ecology Work Bo ok, Oxford e TBH Publication Co. Calcutá. 244 pp.

Misra, R. (1968). Ecology Work Book, Oxford e TBH Publication Co. Calcutá. 244 p.

Mueller-Dombios, H e Ellenbeg; (1974). Objectivos e métodos da ecologia da vegetação. John and Sons, Nova Iorque. 547 p.

Naveh, Z. e Lieberman, A.S. (1990). Landscape Ecology: theory and application. SpringerVerlag, Nova Iorque.

Niering, W. A. (1987). Dinâmica da vegetação (sucessão e clímax) em relação à gestão da comunidade vegetal. Conservation Biology, Vol. 1, No. 4, 287-297 p.

Noss R.F. (1990). Indicadores para monitorizar a biodiversidade - uma abordagem hierárquica. Conservation Biology. 4:355-364.

Noss, R.F. e Harris, L.D. (1986). Notas, redes e MUMs: Preservando a diversidade em todas as escalas. Environ. Management. 10:299-309.

Pandey, A.N., parmar, T.D. e Tanna, S.R. (1999). Desertificação: um estudo de caso da região de Saurashtra do estado de Gujarat na Índia. *Tropical Ecology.* Vol. 40, 213-220 p.

Pandey, R. P. (2001). Adições à flora de Gujarat - II. *J. Econ. Taxon. Bot.* Vol. 25, No. 3, 623625 p.

Pandey, R. P. (2002). Adições à flora de Gujarat - III. *J. Econ. Taxon. Bot.* Vol. 26, No. 2, 505508 p.

Pandey, R.P. e Padhye, P. M. (1997). Adições à flora de Gujarat - I. *J. Econ. Taxon. Bot.* Vol. 21, No. 1, 103-106 p.

Pandya, S. N. e Sidha, V. K. (1987). Variação sazonal da biomassa vegetal e da produção primária na vegetação do deserto em Khavda do distrito de Kachchh (Gujarat), Índia. *Tropical Ecology* 28: 57-68.

Pandya, S. N. e Sidha, V. K. (1989). Nutrient dynamics in the arid and semi-arid grazing lands of Kachchh (Gujarat), India (Dinâmica dos nutrientes nas pastagens áridas e semi-áridas de Kachchh (Gujarat), Índia). *Indian Journal of Rangland Managment* 10 (2): 81-90.

Pardeshi, M. Gajera, N., Patel, R., Worah, D e Kumar, V. V. (2010). Species of conserv tion significance within and vicinity of Narayan Sarovar Sanctuary: Biodiversidade e distribuição. Bilogical Forum, Vol. 2, No. 2, 19-24 p.

Parmar, P. J. e Shrivastava, A. (2003). Algumas plantas novas registadas em Saurashtra (estado de Gujarat). *Indian Journal of Forestry,* Vol. 24, No. 4, 431-432 p.

Parmar, P.J. e Singh, V. (2003). Registo de plantas interessantes de Gujarat, Índia. *Indian Jounal of Forestry,* Vol. 26, No. 4, 418-420 p.

Patel, R. M., Dabgar, Y. B. e Joshi, P. N. (2010). Algumas plantas etno-medicinais dignas de nota do oeste de Kachchh, Gujarat. *Life science leaflets,* Vol. 9, 244-250 p.

Plieninger, T. e M. Gaeetner (2011). Aproveitamento de terras degradadas para a conservação da biodiversidade. *Revista de conservação da natureza.* Vol. 19, 18-23 p.

Prater, S.H. (1971). The book of Indian Animals, mumbal, Bombay Natural History Society e oxford university press. Pp. XXIII,324,28 colorplates by paul Barruel,ISBN.

Rodgers, W.A., Panwar, H.S. e Mathur, V.B. 2000. *Wildlife Protection Area Network in India: A Review (Executive Summary).* Instituto de Vida Selvagem da Índia, Dehra Dun.

Saxena, S. K. (1993). Present status of Banni grassland, Pp. 9-11 In: Procedimentos do seminário sobre Pastoralismo Transumante em Gujarat, 1992. (eds.) R.P. Cincotta e G. Pangare. Instituto de Gestão Rural, Anand, Gujarat, Índia.

Sen, A., Johri, T. e Bisht, N. S. (2008). Analysis of the effects of the anthropogenic interferences on tree species composition in the forests of Dadra and Nagar Haveli, India. *CURRENT SCIENCE,* Vol. 95 No. 1. 50-58 p.

Shah, G. L. (1978). Flora do Estado de Gujarat. Imprensa universitária, Universidade Sardar Patel. Vallabh Vidyanagar.

Shannon, C.E. e Wiener, W. (1963). The mathematical theory of communication (A teoria matemática da comunicação). Imprensa da Universidade de Illinois, Urbana. 117 p.

Singh H.S. (1998a). Wildlife of Gujarat, Ecological Education and Research (GEER) Foundation, Gandhinagar.

Singh H.S. (1998b). Registos de pequenos felinos em Gujarat. Pp: 22-23. Envis: Vida Selvagem e Áreas Protegidas. Vol 1 #2. 56p. Instituto de Vida Selvagem da Índia, Dehra Dun.

Singh H.S. (2001). Natural Heritage of Gujarat. Gujarat Ecological Education and Research (GEER) Foundation, Gandhinagar, 162 pp.

Solanki, H. A. e Vora, A. B. (1997). Investigação ecofisiológica numa mancha de mangue interior de *Avicenniaofficinalis* Linn. Distrito de Kachchh, Estado de Gujarat, Índia. Dissertação, Universidade de Gujarat, Ahmedabad.

Thaker, J. I. (1926). Plantas de Kutch e sua utilidade (Em Gujarati). Rajkot.

Tikadar (1983). Threatened animals of India. Zoological Survey of India, Calcutá.

PNUA (2002). Global environmental outlook GEO3. PNUA, Nairobi.

WCMC (1994). Relatório da situação em 24 de novembro de 1994, World Conservation Monitoring Centre.

União Mundial para a Natureza. (1980). World Conservation strategy: living resource conservation for sustainable development. Gland, Suíça.

Anexo 1

Checklist das espécies de mamíferos da Reserva Florestal do Chapredi.

S. Não.	Nome científico	Espécies	Hábito alimentar	Estatuto da IUCN
	Bovídeos			
1	*Boselaphus tragocamelus ¿Pallas,* 1766)	Nilgai	H	LC
	Canídeos			
2	*Canis aureus* (Linnaeus, 1758)	Chacal dourado	O	LC
3	*Vulpes bengalensis*	Raposa indiana	C	LC
	Felídeos			
4	*Felis chaus fSchreber,*1777)	Gato da selva	C	LC
	Herpestidae			
5	*Herpestes auropunctatus*	Pequeno mangusto indiano	F	LC
	Hystricidae			
6	*Hystrix indica* (Kerr,1792)	Porco-espinho-indiano	H	LC
	Leporídeos			
7	*Lepus nigricollis* (F.Cuvier,1823)	Lebre indiana	H	LC
	Murídeos			
8	*Meriones hurrianae ¿Jordon,*1867)	Gerbill do deserto	G	LC
	Suidae			
9	*Sus scrofa ¿Linnaeus,*1758)	Javali	H	LC
H=Herbívoro, C=Carnívoro, O=Omnívoro, F=Frugívoro, G=Granívoro Estatuto IUCN = LC - Pouco preocupante				

Anexo 2

Lista das espécies de plantas lenhosas registadas no Chapredi RF

1. Nome científico: *Acacia nilotica*

Nome local: Deshi Baval

Hábito: Árvore

Família: Mimosaceae

2. Nome científico: *Acácia Senegal*

Nome local: Gorad

Hábito: Árvore

Família: Mimosaceae

3. Nome científico: *Commiphora wightii*

Nome local: Guggal

Forma de vida: Árvore de pequeno porte

Família: Burseraceae

4. Nome científico: *Prosopis cinereria*

Nome local: Kandho, Khijdo

Hábito: Árvore

Família: Mimosaceae

5. Nome científico: *Salvadora pérsica*

Nome local: Jarro de Khari

Hábito: Árvore

Família: Salvadoraceae

6. Nome científico: *Euphorbia caducifolia*

Nome local: Thor

Hábito: Arbusto

Família:

7. Nome científico: *Grewia tenex*

Nome local: Gangeti

Hábito: Arbusto

Família: Tiliaceae

8. Nome científico: *Prosopis juliflora*

Nome local: Gando Baval

Hábito: Shurb

Família: Mimosaceae

9. Nome científico: *Premna resinosa*

Nome local: Kundher

Hábito: shurb

Família: Verbenaceae

10. Nome científico: *Vernonia cinerascens*

Nome local:Tatadio

Hábito: Arbusto

Família: Asteraceae

11. *Nome* científico*:Zizyphus nummularia*

Nome local: Ber

Hábito: Arbusto

Família: Rhamnaceae

12. *Nome* científico*:Capparis decidua*

Lo cal Nome: Kerdo

Hábito: Arbusto

Família: Capparidaceae

Anexo 3

Folha de dados utilizada para a recolha de dados no terreno

Folha de dados para avaliação da vegetação lenhosa (parcela de 15 mX15 m)

Data:		Habitat:				Ameaças:		
Código do local de amostragem :		Lote nº.				Localização GPS:		
Terreno e substrato:					Tipo de solo:			
N.º Sr.	**Hábito**	**Nome da espécie**	**Phen**	**GBH (cm) /Ht (m)**	**N.º de indivíduos**	**Espécies hospedeiras com Ht (m)**	**Biomassa**	**Observações (Reg,& *% de* cobertura de gramíneas)**

Terreno: Montanhoso, plano, ondulado suave/modarato , Planalto; **Substrato:** solo, cascalho, seixos, pedregulhos, rochas; **Tipo de solo:** Areia, Argila, Silte, Barro com finos; **Hábito:** Árvore (T), Arbusto (S), Trepadeira (C); **Fenologia (Phen):**Veg- Vegetativo, Bud+ Fls= botão e flor, FLS+ FRS= flor e fruto, MFR= Fruto maduro, fruto seco; Se **GBH** for **> 20 cm** = Árvore madura, **entre 10 a 20 cm=** Recruta e **<10cm=** Rebento

MIX
Papier aus verantwortungsvollen Quellen
Paper from responsible sources
FSC® C105338

Printed by Books on Demand GmbH, Norderstedt / Germany